Bibliographic information published by the German National Library:

The German National Library lists this publication in the National Bibliography;
detailed bibliographic data are available on the Internet at http://dnb.dnb.de .

Imprint:

Copyright © 2018 GRIN Verlag
Print and binding: Books on Demand GmbH, Norderstedt Germany
ISBN: 9783668637672

José Raúl Pérez Martínez

Los neumáticos. Parte fundamental del vehículo

GRIN Verlag

Título: Los neumáticos. Parte fundamental del vehículo.

Title: The pneumatic tyres. Fundamental part of the vehicle.

Autor: José Raúl Pérez Martínez

Nota del autor: La Imagen que acompaña al título de este ensayo académico dispone de licencia Creative Commons 0 (CC0) y ha sido obtenida en http://Pixabay.com. Los dibujos técnicos que se muestran en esta investigación fueron elaborados, trazados y digitalizados por el propio autor del presente ensayo académico, tales dibujos se encuentran en formato JPG. Las referencias bibliográficas presentes en este ensayo académico se encuentran acotadas según Normas Vancouver.

Author's note: The Image that accompanies the title of this academic essay has a Creative Commons license 0 (CC0) and has been obtained at http://Pixabay.com. The technical drawings shown in this research were elaborated, traced and digitized by the author of this academic essay, such technical drawings are in JPG format. The bibliographical references presented in this academic essay are offered according to the Vancouver Norms.

RESUMEN:

El automóvil es un complejo de piezas y mecanismos, no se alcanza un óptimo rendimiento a menos que las partes que lo componen funcionen correctamente. Para que un automóvil este siempre listo para la marcha, necesita mantenimiento regular y atentos cuidados. Los neumáticos como órganos vitales, precisan extremos cuidados como los requiere el motor, pues están sometidos a grandes esfuerzos, deben responder a diversas condiciones climáticas, a la topografía y estado de las carreteras, a la velocidad y potencia del vehículo, los neumáticos deben conducirlo a buen destino. El automóvil aporta sus cualidades de seguridad activa o primaria, mediante la huella de los neumáticos apoyados en sus llantas. El conductor debe disponer del control del automóvil para contar con la capacidad direccional, seguir la trayectoria indicada por el volante con fidelidad y estabilidad. Este trabajo tiene como objeto evidenciar las múltiples causas que provocan el fallo o el desgate de los neumáticos, y los medios para evitarlo. Tendremos en cuenta la presión de inflado, la correcta alineación de los ángulos de la dirección automotriz, para obtener los mejores resultados de la calidad del contacto de los neumáticos con el suelo, se diseña una geometría compleja que además ha de ser dinámica al trabajar la suspensión y dirección moviéndose sus componentes. Explicaremos el proceso de alineación de la geometría de los ángulos de la dirección como elemento fundamental en una buena conducción y cuidado de la vida útil de los neumáticos.

Palabras clave: Neumáticos, vida útil del neumático, estabilidad del vehículo, mantenimiento de la dirección, seguridad activa.

ABSTACTS:

The car is a complex of parts and mechanisms; optimal performance is not achieved unless the parts that compose it work properly. For a car to be always ready for the march, it needs regular maintenance and attentive care. Tires as vital organs, need the same extreme care that the engine requires, they are subject to great efforts, must respond to various weather conditions, to the topography and condition of the roads, the speed and power of the vehicle, the tires must drive the car to good destiny. The automobile contributes its active or primary safety qualities, through the imprint of the pneumatic tyres supported by its tires. The driver must have control of the car to have the directional capacity, follow the path indicated by the steering wheel with fidelity and stability. The purpose of this academic essay is to show the multiple causes that provoke the failure or abrade of the tires, and the means to avoid it. We will take into account the inflation pressure, the correct alignment of the angles of the automotive steering, to obtain the best results of the contact quality of the pneumatic tyres with the ground, a complex geometry is designed that also has to be dynamic according to the function of the suspension and the movement of the direction´s components. We will explain the process of alignment of the geometry of the angles of the steering as a fundamental element in a good driving and care of the useful life of the pneumatic tyres.

Keywords: Tires, tire life, vehicle stability, steering maintenance, active safety.

Índice (Index):

INTRODUCCION

El conjunto de mecanismos que componen el sistema de dirección tienen la misión de orientar las ruedas delanteras para que el vehículo tome la trayectoria deseada por el conductor. [1]

Para que el conductor no tenga que realizar esfuerzo en la orientación de las ruedas (a estas ruedas se las llama "directrices"), el vehículo dispone de un mecanismo des multiplicador, en los casos simples (coches antiguos), o de servomecanismo de asistencia (en los vehículos actuales). [1]

Los sistemas de dirección se consideran de bajo mantenimiento, pero deben ser sometidos a inspecciones periódicas de componentes sometidos a desgastes, tales como juntas de bola (terminales y rótulas), guardapolvos, nivel de fluidos de la bomba, reposición y/o reemplazo del fluido de acuerdo con las recomendaciones del fabricante, mangueras, correas de impulsión de la bomba, etc. [1]

Recomendamos la inspección en busca de posibles fugas de fluido que delata el deterioro del sistema. Cuando se sienten ruidos asociados a las correas del motor al llevar el volante a su tope derecho o izquierdo nos puede indicar la falta de tensión de la correa o que esta se encuentra dañada. El ruido en la bomba de dirección puede ser por la falta de fluido (utilice sólo el recomendado por el fabricante), también puede evidenciar la obstrucción de alguna manguera o válvula del sistema. [1]

Un neumático, denominado también cubierta, llanta, caucho o goma en diversas regiones, es una pieza de caucho que se coloca en las ruedas de diversos vehículos y máquinas, su principal función es mantener un contacto adecuado por adherencia y fricción con el pavimento, posibilitando el arranque, el frenado y la guía. Existe una parte de caucho blando que se infla y llena de aire, es la cámara que se infla de aire y se encuentra entre el neumático y la llanta o rin.

Hay neumáticos que no llevan cámara, es decir, que el aire a presión está contenido directamente por el neumático y la llanta estos últimos son muy comunes en los vehículos fabricados en tiempos más recientes. También existe otro tipo de neumático, llamados runflat, de perfiles reforzados, que son anti-pinchazos. Los neumáticos generalmente tienen hilos que los refuerzan. Dependiendo de la orientación de estos hilos, se clasifican en diagonales o radiales. Los de tipo radial son el estándar para casi todos los automóviles modernos.

La rueda lleva miles de años de uso, pero la idea de ponerle caucho en el borde exterior es relativamente nueva. Fue a principios del siglo XIX cuando por primera vez se utilizó goma natural para recubrir las ruedas de madera o de acero.

Ahora bien, como la goma se desgastaba con rapidez, su futuro no parecía muy prometedor, hasta que, en 1839, un resuelto inventor de Connecticut (EE.UU.) llamado Charles Goodyear descubrió la vulcanización, proceso mediante el cual el caucho se mezcla con azufre y se le aplica calor y presión, lo que mejora su plasticidad y resistencia. Fue entonces cuando se hicieron populares las llantas de goma maciza, solo que los viajes eran muy incómodos. [2]

La primera llanta neumática o con aire, fue patentada en 1845 por el ingeniero escocés Robert W. Thomson. Sin embargo, no fue sino hasta que su compatriota John Boyd Dunlop se propuso hacer más agradable el paseo en bicicleta de su hijo, que la rueda llena de aire se convirtió en un éxito comercial. [3]

En 1885 la empresa de fabricación Goodrich decidió fabricar ruedas de color negro, hasta entonces eran blancas (El color del caucho natural extraído del Hevea Brasiliensis). La razón de este color fue que el blanco resultaba muy sucio para desplazarse por los caminos. Al tintar el caucho se hizo un descubrimiento sorprendente, los neumáticos negros duraban más. Esto fue debido a que el tinte negro absorbía los rayos ultravioletas que son, en parte, los causantes del agrietamiento de las goma de caucho. [4]

En 1888, el veterinario e inventor escocés, John Boyd Dunlop, desarrolló el primer neumático con cámara de aire para el triciclo que su hijo de nueve años de edad usaba para ir a la escuela por las calles bacheadas de Belfast. Para resolver el problema del traqueteo, Dunlop infló unos tubos de goma con una bomba de aire para inflar balones.

Después envolvió los tubos de goma con una lona para protegerlos y los pegó con goma maciza, pero los neumáticos permitían una marcha notablemente más suave. Desarrolló la idea y patentó el neumático con cámara el 7 de diciembre de 1889. Sin embargo, dos años después de que le concedieran la patente, Dunlop fue informado oficialmente de que la patente fue invalidada por el inventor escocés Robert William Thomson, quien había patentado la idea en Francia en 1847 y en Estados Unidos en 1891. Dunlop ganó una batalla legal contra Robert William Thomson y revalidó su patente. [5]

El desarrollo del neumático con cámara de Dunlop llegó en un momento crucial durante la expansión del transporte terrestre, con la construcción de nuevas bicicletas y automóviles. [5]

En este trabajo abordaremos lo concerniente a los trabajos de alineación de los ángulos de la dirección y su determinación en el cuidado, y la utilización correcta de los neumáticos para la buena conducción de los automóviles.

DESARROLLO

Siendo la dirección uno de los órganos más importantes en el vehículo junto con el sistema de frenos, ya que de estos elementos depende la seguridad de las personas; debe reunir una serie de cualidades que proporcionan al conductor, la seguridad y comodidad necesaria en la conducción. [6]

Todo sistema de dirección debe tener y cumplir con las siguientes características. Estas cualidades son las siguientes:

Seguridad: depende de la fiabilidad del mecanismo, de la calidad de los materiales empleados y del entretenimiento adecuado. [6]

Suavidad: se consigue con un montaje preciso, una desmultiplicación adecuada y un perfecto engrase. La dureza en la conducción hace que ésta sea desagradable, a veces difícil y siempre fatigosa. Puede producirse por colocar un neumático inadecuado o mal inflado, por un "avance" o "salida" exagerados, por carga excesiva sobre las ruedas directrices y por estar el eje o el chasis deformado. [6]

Precisión: se consigue haciendo que la dirección no sea muy dura ni muy suave. Si la dirección es muy dura por un excesivo ataque (mal reglaje) o pequeña desmultiplicación (inadecuada), la conducción se hace fatigosa e imprecisa; por el contrario, si es muy suave, por causa de una desmultiplicación grande, el conductor no siente la dirección y el vehículo sigue una trayectoria imprecisa. [6]

La falta de precisión puede ser debida a las siguientes causas:

- Por excesivo juego en los órganos de dirección.

- Por alabeo de las ruedas, que implica una modificación periódica en las cotas de reglaje y que no debe de exceder de 2 a 3 mm.

- Por un desgaste desigual en los neumáticos (falso redondeo), que hace ascender a la mangueta en cada vuelta, modificando por tanto las cotas de reglaje.

- El desequilibrio de las ruedas, que es el principal causante del shimmy, consiste en una serie de movimientos oscilatorios de las ruedas alrededor de su eje, que se transmite a la dirección, produciendo reacciones de vibración en el volante.

- Por la presión inadecuada en los neumáticos, que modifica las cotas de reglaje y que, si no es igual en las dos ruedas, hace que el vehículo se desvíe a un lado.

Irreversibilidad: consiste en que el volante debe mandar el giro a las pero, por el contrario, las oscilaciones que toman estas, debido a las incidencias del terreno, no deben se transmitidas al volante. Esto se consigue dando a los filetes del sin fin la inclinación adecuada, que debe ser relativamente pequeña. [6]

Tipos de neumáticos según su construcción y uso de cámaras.

Según su estructura constructiva:

Radiales o con radios: en esta construcción las capas de material se colocan unas sobre otras en línea recta, sin sesgo. Este sistema permite dotar de mayor estabilidad y resistencia a la cubierta. [4]

Diagonales: en su construcción las distintas capas de material se colocan de forma diagonal, unas sobre otras. [4]

Auto portante: en esta construcción las capas de material se colocan unas sobre otras en línea recta, sin sesgo, también en los flancos. Este sistema permite dotar de mayor resistencia a la cubierta aunque es menos confortable por ser más rígida, se usa en vehículos deportivos y tiene la ventaja de poder rodar sin presión de aire a una velocidad limitada, sin perder su forma. [4]

De acuerdo al uso de cámaras:

Neumáticos tubeless (TL) o sin cámara: estos neumáticos no emplean cámara. Para evitar la pérdida de aire tienen una parte en el interior del neumático llamada talón que, como tiene unos aros de acero en su interior, evitan que se salga de la llanta. La llanta debe ser específica para estos neumáticos. Se emplea prácticamente en todos los vehículos. [4]

Neumáticos tubetype (TT): aquellos que usan cámara y una llanta específica para ello. No pueden montarse sin cámara. Se usan en algunos 4x4, motocicletas, y vehículos agrícolas. [4]

Neumático de bicicleta: Ruedas semi-neumáticas y no-neumáticas: son neumáticos solo de goma (semi neumáticos y no neumáticos), se usan en vehículos pequeños como diablos, carretillas, trollys o coches de pedales.

Los neumáticos se encuentran en los distintos vehículos, como automóviles, camiones, ómnibus, bicicletas, aviones, tractores, carretillas, grúas, máquinas pesadas e industriales. [4]

Debemos tener en cuenta cuidados importantes en una cubierta nueva para obtener un reciclaje óptimo estos son: presión adecuada, buena aplicación y no rebasar los límites de carga para los que fue diseñada.

La banda de rodadura de un neumático es la parte plana que entra en contacto con el pavimento. Es la zona que más desgaste sufre de todo el neumático. En neumáticos comunes, el dibujo de la banda de rodadura no debe ser inferior a los 2 mm de profundidad, a menudo se utiliza una prueba sencilla para determinar la profundidad, que es emplear diversas monedas.

Se puede reducir el desgaste de un neumático haciendo una conducción eficiente y con un correcto estado de alineación de los ángulos de la dirección, podremos lograr una duración media alrededor de los 50 000 Kilómetros.

El proceso de alineación:

Se realiza cumpliendo un número de operaciones que deben efectuarse siguiendo un orden para optimizarlo y conseguir buenos resultados.

Operaciones de control.

1. Colocar el vehículo en el elevador o en una valla especializada para los trabajos de revisión y alineación de la dirección, bien centrado en las planchas y sin el freno de mano.
2. Calzar los neumáticos traseros como medida de seguridad.
3. Verificar y ajustar presiones de inflado de los neumáticos.
4. Medir la altura de bastidor.
5. Revisión y control del estado mecánico de todos los mecanismos que componen la dirección (holguras de rodamiento, ejes, estado de las rotulas, desgate de los elementos de ajuste).
6. Localizar el punto medio de la dirección.

Proceso de Alineación.

1. Colocación correcta de los medios de control de los ángulos.

2. Colocar los platos y utilizar el bloqueo de freno.

3. Nivelar y bloquear el elevador y los captadores.

4. Realizar la medición en el orden: Alineación de los ejes, Paralelismo, Caída, Salida y Avance.

Operaciones de Corrección.

1. Reglaje de ángulos del tren trasero.

2. Reglaje del ángulo de Avance en las ruedas delanteras.

3. Reglaje ángulo de Caída en las ruedas delanteras.

4. Reglaje de la Convergencia o Divergencia en las ruedas delanteras.

5. Reglaje de la altura de cremallera.

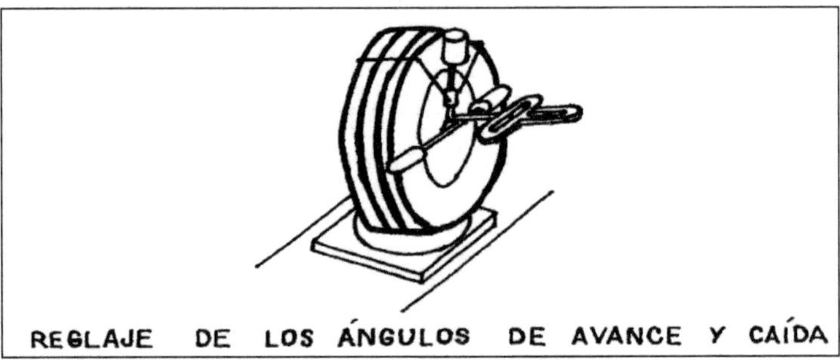

Las operaciones de corrección se realizan en todos los modelos de vehículos, considerando que solo se regulan el Avance, la Caída y la Convergencia o Divergencia, existen algunas marcas que solamente se regula la Convergencia o Divergencia debido a que los demás ángulos están fijados por la estructura del vehículo, en estos últimos cuando por desgaste u otro daño afectan el bien reglaje, se soluciona sustituyendo las piezas o elementos que tienen deterioro y de esta manera el automóvil recupera las condiciones técnicas requeridas para una buena circulación y conducción vial.

Para mantener la seguridad y la movilidad.

Los neumáticos son el único punto de contacto entre el automóvil y el pavimento. Debido a esto es muy importante mantener una alta calidad y prestaciones a los mismos, las siguientes recomendaciones de seguridad las aconsejamos para garantizar la seguridad y movilidad. [7]

1. La mínima superficie del neumático realiza una gran labor, en el contacto con la carretera que es más o menos del tamaño de tu mano. La seguridad, confort y el ahorro de combustible dependen de esa pequeña superficie. La selección correcta de los neumáticos y realizar el mantenimiento habitual para que rindan al máximo. Los neumáticos responden a los diversos movimientos de la conducción, la aceleración y la frenada del automóvil, soportan todo el peso del mismo y absorben todos los obstáculos de las carreteras y caminos. [7]

2. Desgaste y profundidad de los neumáticos: Comprobar de manera sistemática la profundidad del dibujo de los neumáticos y cambiarlos cuando estén desgastados. De esta forma el máximo agarre y tracción estarán garantizados, evitando desagradables sorpresas. Cambia los neumáticos antes de que la profundidad de la escultura llegue a 2 mm. Tu seguridad y movilidad dependen de la profundidad del dibujo porque: ayuda a mantener el control del vehículo, los canales de la escultura del neumático sacan el agua que queda debajo del mismo, el dibujo se agarra a la calzada, afectando a la distancia que necesita para frenar. [7]

3. Presión de aire correcta en todos los neumáticos: La presión de aire correcta reduce el riesgo de perder el control del vehículo. También protege a los neumáticos de un desgaste prematuro y de daños irreversibles en la construcción interna. La presión de aire los neumáticos puede disminuir, por el escape natural de aire por los componentes del neumático o incluso por una bajada en la temperatura ambiente o por pequeñas perforaciones causadas en el pavimento. La comprobación de la

presión de los neumáticos, incluyendo el de repuesto, con sistematicidad, preferiblemente con los neumáticos fríos (que no hayan recorrido más de 2 kilómetros, en países tropicales la temperatura aumenta rápidamente). Y en caliente hay que añadir 0,3 bares a la presión recomendada. Tanto la baja como la alta presión en los neumáticos disminuyen considerablemente la vida útil de los mismos. La presión de inflada recomendada puede encontrarse: En el manual de usuario del vehículo, en el lateral de la puerta, junto al asiento del conductor, el interior de la trampilla del depósito de carburante. La presión de inflado que aparece en el lateral del neumático es sólo presión de inflado máxima del neumático. [7]

4. Equilibrado: Es conveniente equilibrar los neumáticos cuando se cambian o sea cuando son nuevos, el equilibrado elimina las molestas vibraciones y contribuye a prevenir un desgaste prematuro de los neumáticos, protegiendo los elementos estructurales de la suspensión, la dirección y la transmisión del vehículo. [7]

5. Alineación de las ruedas: Se considera de gran importancia que la alineación sea correcta para proteger los neumáticos de un desgaste irregular y/o rápido, y así lograr una mejor conducción, si la geometría de la suspensión del vehículo es incorrecta, la conducción puede verse alterada, pudiendo peligrar la seguridad en el camino, si el neumático ha sufrido un impacto con un objeto sólido como un bordillo o un bache o se aprecia un desgaste irregular en los neumáticos, se debe acudir a los talleres dedicados a esta actividad. [7]

6. Neumáticos traseros: Para lograr una eficiencia óptima, comprueba regularmente la presión y estado de los neumáticos, especialmente durante la rotación de los mismos ya que muchos vehículos especifican presiones diferentes para el eje delantero y el trasero. Para garantizar una mayor seguridad, los neumáticos nuevos o menos gastados deben ir siempre en las ruedas traseras para lograr mayor eficiencia al frenar de emergencia o en curvas muy pronunciadas, y en las superficies mojadas se corre menos riesgo de perder el control del vehículo. [7]

7. Las válvulas: Las válvulas y sus componentes suelen ser de goma, por lo que se terminan deteriorando. Cambiarlos al comprar neumáticos nuevos es una forma barata de proteger los neumáticos, el vehículo y de protegerse uno mismo. A altas

velocidades una válvula de goma agrietada y deteriorada puede doblarse por la fuerza centrífuga y perder aire. El tapón de la válvula también es importante. Es el que mantiene la estanqueidad y ayuda a mantener a distancia partículas de polvo y la suciedad, así como una correcta presión de aire del neumático y prolongar la vida útil del neumático. [7]

8. Manipulación y almacenamiento: Aun cuando no se estén utilizando, los neumáticos pueden estar en terreno peligroso. A menos que se monten e inflen los neumáticos no deben nunca apilarse durante largos periodos y hay que evitar aplastar los neumáticos con objetos. Por seguridad es extremadamente importante mantener los neumáticos almacenados alejados de llamas, cualquier objeto incandescente o sustancia capaz de producir chispas y/o descargas eléctricas (p. ej., generadores de batería). Cuando se manipulan neumáticos es recomendable utilizar guantes de protección. Los neumáticos deben almacenarse: En una zona ventilada, seca y templada, alejados de la luz directa del sol y de la lluvia, lejos de productos químicos, disolventes o hidrocarburos que puedan alterar la naturaleza de la goma y de cualquier objeto que pueda penetrar en la goma (metales puntiagudos, madera, etc.) [7]

9. Reparación de neumáticos [7]: Cuando hay que reparar un neumático es fundamental acudir a un especialista autorizado para que desmonte el neumático de la rueda e inspeccione el interior. Es absolutamente necesario porque los daños internos no se ven cuando el neumático está montado en la llanta. Un trabajador calificado:

- Garantizará el cumplimiento de los procedimientos de montaje, desmontaje, equilibrado e inflado del neumático y la sustitución sistemática de la válvula. [7]
- Comprobará el estado interno del neumático, detectando cualquier daño no visible en la superficie. [7]
- Comprobará que el neumático se vuelve a colocar correctamente, optimizando la conducción y el confort. [7]
- Garantizará el cumplimiento de las normas legales y del fabricante a la hora de elegir neumáticos: estructura, dimensiones, código de velocidad y capacidad de carga. [7]

- Asegurará el cumplimiento de la presión de utilización prescrita por el fabricante del vehículo o el de los neumáticos. [7]

- Tendrá en cuenta las instrucciones de montaje y advertencias en los flancos (dirección de giro o dirección de montaje). [7]

- Tendrá en cuenta las características de neumáticos específicos (neumáticos de perfil bajo, runflat y autosellantes). [7]

10. Duración: La duración de un neumático varía tanto que es imposible predecir exactamente su vida útil. Un neumático está formado por varios tipos de compuestos de lonas y gomas que influyen en su comportamiento. Su evolución depende de muchos elementos como el tiempo, las condiciones de almacenamiento y de uso, entre otros muchos factores a los que se somete el neumático en su vida. Por eso recomendamos a los conductores que revisen el aspecto de sus neumáticos, que estén pendientes de la pérdida de presión o de cualquier fenómeno anómalo (vibración, ruido, tracción), que podrían indicar que los neumáticos deben sustituirse. [7]

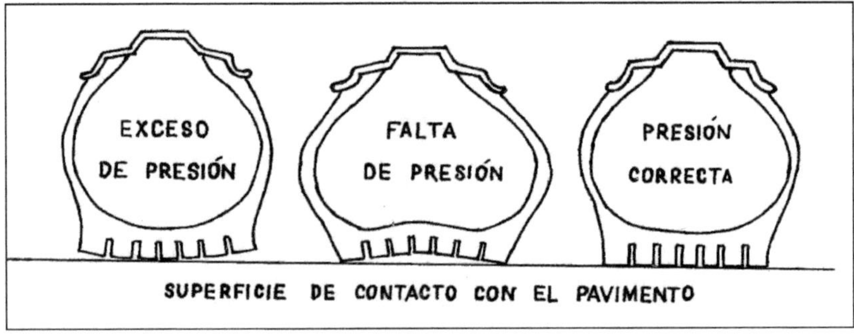

Los conductores de vehículos deben respetar varios elementos que lo llevarán al buen cuidado de los neumáticos, el más importante de todos es verificar periódicamente la presión de inflado, moderar la velocidad en carreteras con mal pavimento, no provocar frenazos bruscos, realizar el arranque con suavidad para evitar patinazos de las ruedas, no chocar con el borde de las aceras, ni rodar próximo a las cunetas.

Es perfectamente normal que cuando se han recorrido varios kilómetros la presión de inflado aumente un poco, nunca deben sangrarse con el objetivo de bajar su presión.

Es muy importante para conseguir un largo kilometraje en los neumáticos, intercambiar la posición o realizar una correcta rotación en las diferentes posiciones utilizando en esta actividad el repuesto, este intercambio periódico garantiza la uniformidad en el desgaste y mayor rendimiento, puede realizarse como mínimo a los 8000 kms y como máximo 10 000 Kilómetros.

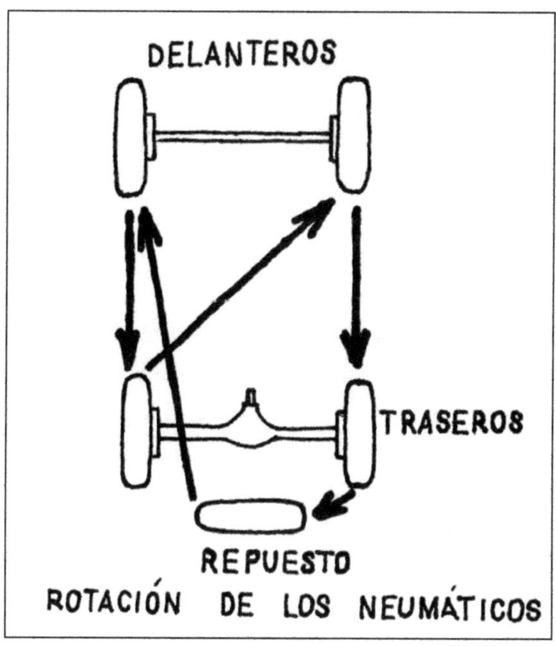

CONCLUSIONES:

Actualmente en nuestra vida diaria, los automóviles constituyen un elemento de gran importancia para el desarrollo de las actividades, por lo que su correcta conducción y extrema seguridad en la vía, protegerá nuestras vidas y la economía.

La correcta explotación de los neumáticos, en la que la presión adecuada del aire constituye un elemento fundamental y el reglaje indicado por los fabricantes para la dirección en cada vehículo, el balanceo debe realizarse para evitar el desequilibrio que previene el desgaste desigual de la banda de rodamiento y asegura una marcha suave, exenta de vibraciones, para una conducción cómoda y suave, garantizarán una utilización adecuada y larga vida de los mismos.

Es muy importante realizar con el orden que se establece las operaciones de alienación de la dirección automotriz, verificar en el momento adecuado cuando un neumático no está en condiciones de garantizar la conducción y debe ser sustituido, al cambiarlos debe ser preferiblemente por nuevos y que estén en buenas condiciones para circular en las diversas situaciones climáticas y la topografía del terreno.

REFERENCIAS BIBLIOGRAFICAS

1.- Tipos de dirección. Sistema de dirección [Internet]. Sistemas de Dirección. [citado 9 de febrero de 2018]. Disponible en:
https://sites.google.com/site/sistemadedireccion/tipos-de-direccion

2.- DesQbre. Fundaciónandaluza para la divulgación de la innovación y el conocimiento. La vulcanización del caucho [Internet]. Clickmica. [citado 9 de febrero de 2018]. Disponible en:
https://clickmica.fundaciondescubre.es/conoce/descubrimientos/la-vulcanizacion-del-caucho/

3.- Terra.org. El neumático [Internet]. Terra. Ecología práctica. [citado 1 de febrero de 2018]. Disponible en: http://www.terra.org/categorias/comunidad-ecotransporte/el-neumatico

4.- kataplana. Neumáticos para coches – Sistema de aire acondicionado [Internet]. Sistema de aire acondicionado. [citado 9 de febrero de 2018]. Disponible en: http://kataplana.ru/neumaticos-para-coches/

5.- John Boyd Dunlop, el inventor del neumático [Internet]. Solo neumáticos. 2014 [citado 2 de febrero de 2018]. Disponible en:
soloneumaticos.blogspot.com/2014/03/john-boyd-dunlop-el-inventor-del.html

6.- Aficionados a la Mecánica. Sistema de Direccion en el automovil [Internet]. Aficionados a la Mecánica. [citado 9 de febrero de 2018]. Disponible en: http://www.aficionadosalamecanica.net/direccion.htm

7. Michelin. Guía de Mantnimiento. Diez consejos para un mantenimiento adecuado de los neumáticos [Internet]. Michelin.es. [citado 9 de febrero de 2018]. Disponible en: https://www.michelin.es/neumaticos/consejos/guia-de-mantenimiento/diez-consejos-neumaticos